探索 宇宙奥秘

太阳系家族

科普文化站◎主编

应急管理出版社
·北京·

图书在版编目（CIP）数据

太阳系家族／科普文化站主编． --北京：应急管理出版社，2022（2023.5 重印）

（探索宇宙奥秘）

ISBN 978 - 7 - 5020 - 6142 - 5

Ⅰ.①太… Ⅱ.①科… Ⅲ.①太阳系—儿童读物 Ⅳ.①P18 - 49

中国版本图书馆 CIP 数据核字（2022）第 035162 号

太阳系家族（探索宇宙奥秘）

主　　编	科普文化站
责任编辑	高红勤
封面设计	陈玉军

出版发行	应急管理出版社（北京市朝阳区芍药居 35 号　100029）
电　　话	010 - 84657898（总编室）　010 - 84657880（读者服务部）
网　　址	www.cciph.com.cn
印　　刷	三河市南阳印刷有限公司
经　　销	全国新华书店

开　　本	880mm×1230mm $^1/_{32}$　印张　24　字数　430 千字
版　　次	2022 年 11 月第 1 版　2023 年 5 月第 2 次印刷
社内编号	20200873　　　　定价　120.00 元（共八册）

　　宇宙是怎么诞生的？银河系是如何被科学家发现的？除了太阳，太阳系家族还有哪些成员？恒星离我们有多远？月球车在月球上发现了什么？航天员在太空中是怎样生活的……宇宙是如此浩瀚而神秘，激发着我们的好奇心和求知欲，驱使着我们不断地去探索、去揭开那些鲜为人知的奥秘。

　　为了满足孩子们的好奇心和求知欲，激发他们的科学探索精神，我们精心编排了这套《探索宇宙奥秘》丛书。这是一套图文并茂的少儿科普书，集趣味性、知识性、科学性于一体，囊括了太阳系、银河系、地球、恒星、月球等天文学知识。本系列丛书从孩子的视角出发，精心选取孩子感兴趣的热门话题，根据他们的阅读特点和认知规律进行编排，以带给孩子美好的阅读体验。

　　赶快翻开这本书，让我们一起推开未知世界的大门，尽情感受宇宙的广阔与奥妙吧！

目录

太阳系的起源

关于太阳系的起源问题，至今没有定论。几百年来，人们先后提出了 40 余种假说，其中影响比较大的有灾变说、星云说和俘获说。

灾变说

20 世纪前 50 年，一些科学家提出了太阳系起源于灾变的假说。第一个灾变说是由法国博物学家布封于 1745 年提出的。灾变说认为太阳是先形成的。一次偶然的机会，一颗恒星（或彗星）从太阳附近经过（或撞到太阳上），它把太阳上的物质吸引出（或撞出）一部分。这部分物质后来就形成了行星。根据这个假说，行星物质和太阳物质应源于一体。它们有"血缘"关系，或者说太阳和行

星是母子关系。灾变说把太阳系起源归结为一次偶然的撞击事件，而不是从演化的必然规律去进行客观探讨。银河系中行星系是比较普遍的，太阳系绝不是唯一的行星系，因此只有从演化的角度去探求太阳系的起源才有普遍意义。

星云说

星云说最初由德国哲学家康德于 1755 年提出。几十年后，法国天文学家拉普拉斯又提出了这一学说。他们认为，整个太阳系的物质都是由同一个原始星云形成的，星云的中心部分形成了太阳，星云的外围部分形成了行星。然而，康德和拉普拉斯的观点也存在明显的差别。康德认为太阳系是由冷的尘埃星云进化演变而成的，先形成太阳，后形成行星。拉普拉斯则认为原始星云是气态的，且十分灼热，因此

超神奇！

科学家们发现，太阳上最多的元素是氢，其次是氦，除此之外，还有氧、碳、氮、氖、铁和其他金属元素。

迅速旋转，先分离成圆环，圆环凝聚后形成行星，太阳的形成要比行星晚一些。尽管他们的观点有这样大的差别，但大前提是一致的，因此人们把他们的理论合称为"康德－拉普拉斯假说"。

俘获说

俘获说认为太阳在星际空间运动中遇到了一团星际物质。太阳靠自身的引力把这团星际物质捕获了。后来，这些物质在太阳引力的作用下逐渐形成了行星。根据这个假说可知，太阳也是先形成的。但是，行星物质不是从太阳上分离出来的，而是太阳捕获的。它们与太阳没有"血缘"关系。

尽管各种假说都有一定的依据，但也都有相应的不足之处，所以一直缺乏被普遍接受的关于太阳系起源的假说。关于太阳系的起源还有待新的假说出现。

宇宙科学馆

星云，是太阳系外银河系中由气体和尘埃组成的云雾状天体。

庞大的太阳系家族

许多科学家认为，宇宙的形成源于一次大爆炸。大爆炸之后宇宙空间逐渐膨胀，并慢慢变冷，后来就孕育出了包括地球在内的太阳系。

超神奇!

英语术语中，所有行星的卫星都被称为"月球"（moon），中文则统一称为"卫星"。

太阳系的组成

太阳系是由太阳、八大行星及其卫星、矮行星、小行星、彗星、流星和行星际物质等构成的天体系统，太阳是太阳系的中心。

在庞大的太阳系家族中，太阳的质量占太阳系总质量的99％，八大行星及数以万计的小行星所占比例微乎其微。太阳系中的大部分天体始终沿着自

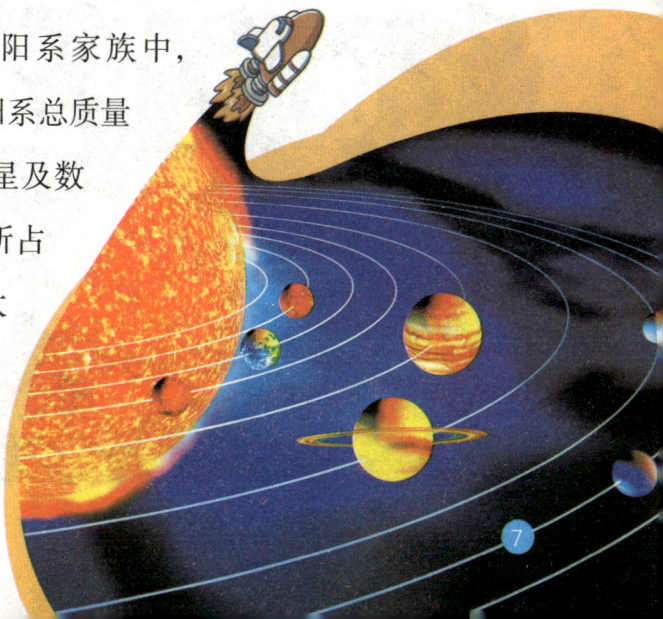

己的轨道不停地绕
太阳运转着，同时，
太阳又慷慨无私地
贡献出自己的光和热，
温暖着太阳系中的每一个成员，促使它们不停地发展和
演变。

系内行星的命名

在八大行星中，离太阳最近的行星是水星，向外依
次是金星、地球、火星、木星、土星、天王星、海王星。
在前六颗行星中，除地球外，对其他五颗行星，各国命
名不同。我国是根据古代的五行学说，用金、木、水、

火、土这五行来为它们命名。而欧洲则用罗马神话人物的名字来称呼它们。近代发现的远日行星天王星和海王星，西方将它们命名为"天空之神"和"海洋之神"。

小行星带

在火星与木星之间存在着数十万颗大小不等、形状各异的小行星，天文学上把这个区域称为小行星带。小行星带中最大的三颗小行星分别为智神星、婚神星和灶神星，仅有的一颗矮行星是谷神星，其他小行星都比较小。

宇宙科学馆

有科学家推测，太阳系中有一颗不为人知的巨型行星，其质量约为地球的10倍，一旦确认它的存在，它将成为太阳系第九大行星。

传递光和热的太阳

太阳是地球的能量之源，如果没有太阳，黑暗、严寒会吞噬整个地球，我们美丽的家园将变成死寂的世界。

太阳的结构

太阳从中心到边缘共分为4个层次：核心区、辐射层、对流层和太阳大气。核心区是发生热核反应的区域，也是太阳巨大能量的源泉。核心区产生的能量通过辐射层、对流层传到太阳表面，也就是太阳大气中。太阳大气由

3个层次构成，即光球层、色球层和日冕层。太阳大气的最里层是光球层；中层是色球层，由光球层向外延伸形成；色球层的外层就是日冕层，它是极度稀薄的气体，可以伸展到几百万千米以外。

太阳的能量

太阳从表面到中心，全都是由气体构成的，其中含量最多的是氢。氢核在高温、高压下发生激烈的碰撞，其中较轻的氢核聚合成较重的氦核，同时释放出大量的能量，这个过程就是"热核聚

超神奇！

太阳是距地球最近的恒星，约有1.5亿千米的距离。如果从地球坐飞机到太阳上去，要20多年才能到达！

变"。热核聚变是太阳能源的来源。

太阳的寿命

太阳的中心温度高达约 1500 万摄氏度，表面温度约为 5500 摄氏度。现在太阳的年龄约为 46 亿年，它还可以继续燃烧 50 多亿年，届时将会迅速增加亮度。再过数亿年，太阳的光芒逐渐减弱，膨胀的外层开始收缩并慢慢冷却，最终，整个太阳系会陷入一片黑暗和冷寂。

宇宙科学馆

太阳能是一种可持续再生的绿色能源，如今已被广泛应用到生活的方方面面，如太阳能电池、太阳能汽车、太阳能飞机等。

太阳的"斑点"

科学家们通过观测发现，太阳的光球层常常会出现一些黑色的"斑点"。这些"斑点"实际上是太阳表面一种炽热气体产生的巨大旋涡，从地球上看，像是太阳表面出现的黑斑，所以被称为太阳黑子。

活动强弱

太阳黑子每年活动的程度是有强弱之分的，如果这一年黑子活动极为剧烈、黑子相对数的年均值极大，就叫作"太阳活动极大年"或"太阳活动峰年"；如果这一年黑子相对数的年均值极小，就叫作"太阳活动极小年"或"太阳活动谷年"。

超神奇！

早在几千年前，人们就已经观测到太阳黑子了，最早的记录见于《汉书·五行志》。

活动周期

太阳黑子的活动是有周期的，这个周期平均为11年。在每个周期开始的约4年时间里，太阳黑子不断产生，最后达到极致。在随后的7年时间里，太阳黑子活动逐渐减弱，数量也越来越少，直到达到太阳活动极小年，接着是下一个周期的开始。在太阳活动极大年，太阳会释放出高能带电粒子流，会对地球产生一些危害，届时会影响地球上的无线电短波通信。

宇宙科学馆

太阳黑子是由本影和半影构成的，本影就是中心暗黑的核，半影是核周围比较亮、呈纤维状的部分。

太阳的 "耳环"

按照天文学家的形容，太阳的色球层就像"正在燃烧的草原"，或者更贴切地形容为"火的海洋"，有许许多多细小的火舌在不停地跳动、翻腾着，一束束火柱不时地蹿起来，这些蹿得很高的火柱叫作日珥，很多时候真的就像太阳戴上了耳环一样。日珥是一种非常强烈的太阳活动。

日珥的分类

日珥主要分为宁静日珥和活动日珥两种类型。宁静日珥似乎是不动的，喷发平缓，相对来说减退的速度也慢很多，可以持续几个月；活动日珥则不停地发生着变化，一旦爆发，就会喷得很快、很高，一般能达到几十万千米，而且会不断地变换形状，一般持续几分钟至十几个小时。有的日珥喷得太快、太高，以致无法落回太阳表面，便会被抛入宇宙空间。

日珥的形态

天文学家多年观测发现，日珥的形状变化万千，有时像篱笆，有时像树丛、圆环、云彩等。日珥虽然是一种非常美丽、壮观的太阳活动现象，但是却比太阳的光球层暗得多，只有当发生日全食时或者使用色球望远镜对色球层进行单色光观测才能看到。

日珥的未解现象

天文学家通过观测，发现日珥存在诸多现象，比如，

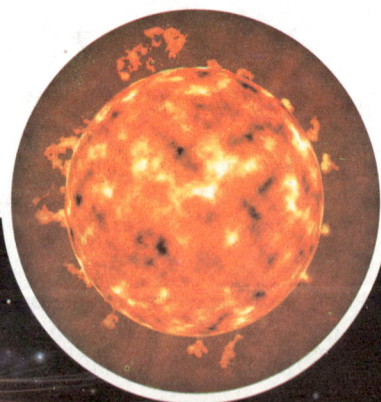

日珥不断向上抛射或下落时，其多个节点的运动轨迹是相同的；日珥远离太阳时，速度会逐渐变快，这种加速是突发式的；日珥节点突然加速时，其本身亮度也会增加；日珥的密度远超日冕，可宁静日珥能够在日冕中长期存在，既不陨落也不分裂；日珥运动往往突然变化，宁静日珥甚至会瞬间变成活动日珥。这些现象目前还没有令人信服的解释，还需要科学家进一步地进行研究。

超神奇！

天文学家观测到的最大的爆发日珥，上升高度达 157 万千米，而太阳的直径为 139 万千米，也就是说这个日珥的上升高度比太阳的直径还要大。

形成原因

日珥大多出现于日冕中，而且通常是突然出现。但是科学家计算表明，日冕密度低，其全部物质都不够凝聚成几个大日珥。因此，日珥的形成原因目前还没有定

洛伦兹力，指运动电荷在电磁场中所受到的力，即磁场对运动电荷的作用力。它是荷兰物理学家洛伦兹于1895年建立经典电子理论时，作为基本假定而提出的。

论。现阶段较盛行的说法认为，日珥是在日冕磁力线的凹陷处形成的，形成日珥的物质可能来自色球层。日冕磁力线在局部有凹陷时，色球层物质便沿磁力线运动，有一部分物质留在磁力线的凹陷处，形成了日珥。由于日珥物质所受的重力和洛伦兹力平衡，日珥就出现于日冕磁力线上了。

太阳的"冠冕"

在日冕仪出现之前，日冕始终戴着神秘的面纱，人们只有在日全食的时候才能看到它。日冕是围绕在太阳周围的等离子体光环。围绕在其他恒星周围的等离子体光环被称为冕或星冕。

日冕的结构

日冕分为内冕、中冕和外冕三部分。其中，内冕只延伸到离太阳表面约 1.3 倍太阳半径处；而外冕可延伸到几倍太阳半径处，甚至更远。

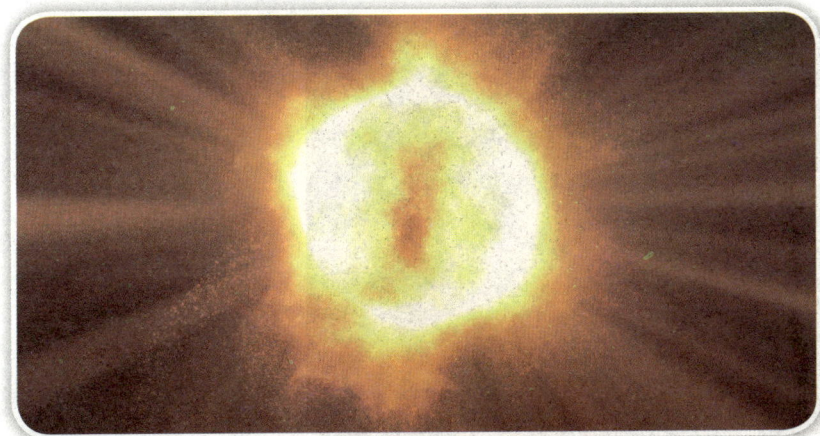

厚度与温度

日冕厚度可达几百万千米，就像给太阳戴上了一顶美丽的帽子，所以得到"日冕"这个雅称。日冕温度非常高，内层温度可达 100 万摄氏度。

日冕的组成

日冕的物质非常稀薄，主要由质子、高度电离的离子和高速运转的自由电子组成。日冕的辐射是在非局部热动平衡状态下产生的，除了可见光辐射，还有射电辐射，X 射线，紫外辐射、远紫外辐射和高次电离离子的禁戒跃迁所产生的发射线（日冕禁线）。

宇宙科学馆

日冕的形状随太阳活动的强弱而不断变化。在太阳活动极大年，日冕的形状接近圆形，而在太阳活动极小年则往往呈椭圆形。

冕洞

　　20世纪70年代，科学家通过空间探测器观测发现日冕中存在大片形状不规则的黑暗区域，他们将其命名为"冕洞"。"冕洞"这个称呼其实是不太准确的，因为它们基本都呈长条形或不规则形。冕洞是日冕中的低温、低密度区，一个冕洞能装下50个地球。冕洞的寿命通常为几个太阳自转周，有的可长达1年。此外，冕洞还是高速太阳风的主要来源。

超神奇！

　　1931年，法国天文学家利奥发明了日冕仪，使人们在阳光普照时也能够观测日冕。

太阳的振荡

太阳的表面除了有黑子、日珥等活动，其气体还有一种奇特的起伏运动——振荡。而且，科学家发现，太阳表面气体的这种振荡具有某种周期性。

莱顿的研究

1960 年，美国天文学家莱顿将最新研制的强力分光仪对准太阳表面上一个个小区域，准备测定它沸腾表面的运动情况。结果他发现了一个十分奇异的现象：太阳就像一颗跳动着的心脏，大约每隔 5 分钟便振荡一次，而且整个日面无处不在振荡。

太阳距离我们十分遥远，即使通过口径最大的光学望远镜，我们也无法看到它表面的起伏。那么，莱顿又是怎样发现太阳表面的这种振荡的呢？说起来，这还要归功于"多普勒效应"。

当光波靠近或远离观测者时，光的频率会发生变化。在由红、橙、黄、绿、蓝、靛、紫7色光组成的连续光谱上，紫色光的频率最高，红色光的频率最低。这个彩色的连续光谱上还有许多稀疏不均、深浅不一的暗线，它实质上是吸收线。在观察太阳光谱的时候，如果我们一直紧紧地盯住连续光谱上的一条吸收线会发现：当太阳表面的气体向上运动时，也就是朝我们"奔驰"而来的时候，吸收线就会往光谱的上端即紫端移动，简称"紫移"；反之，当气体向下移动时，吸收线就会往光谱的下端即红端移动，简称"红移"。如果吸收线一会儿紫移，一会儿红移，不断地交替变换，那么太阳表面的气体就会起伏运动，即振荡。

超神奇！

当一个声音在接近或远离我们的时候，就会发生"多普勒效应"。与声波一样，光也是一种波，自然也有"多普勒效应"。

太阳周期5分钟振荡的发现震惊了天文界，许多天文学家都对这一现象进行了观测，人们又发现了几种不同周期的振荡，其

中最引人注目的是周期160分钟的长周期振荡。

宇宙科学馆

声波是一种简单的压力波，它可以通过任何介质传播。太阳的声波是与地球内部的地震波有些相似的连续波。

太阳振荡的原因

目前，科学家们已经认识到，太阳振荡虽然发生在太阳表面，但其根源一定是太阳内部在振荡。使太阳内部产生振荡的因素可能有三个，即气体压力、重力和磁力。由它们造成的波动分别称为声波、重力波和磁流体力学波，这三种波动还可以两两结合，甚至还可以三者结合在一起。就是这些错综复杂的波动，致使太阳表面出现了气势宏伟的振荡现象。人们认为，太阳约5分钟的振荡周期可能是太阳对流层产生的一种声波，而长达160分钟的振荡周期则可能是由日心引起的重力波。但是，这些解释究竟正确与否，目前还不能完全确定。与地球物理学家通过研究地震波去查明地球内部的构造模式类似，天文学家正利用他们所观测到的太阳的振荡现象，去探索太阳内部的奥秘。

飞速运行的水星

水星的英文名字来自罗马神话中的墨丘利（希腊神话中称为赫耳墨斯），他是罗马神话中的信使，以速度快著称。因为水星围绕太阳公转的周期是 88 天，是太阳系中运行最快的行星，故而得名。

水星的发现

超神奇！

水星是八大行星中最小的一个，而且它离太阳最近，所以我们用肉眼很难看见水星，只能通过望远镜进行观察。

公元前 5 世纪左右，人们普遍认为水星是两个不同

的行星，原因是它时常交替出现在太阳两侧不同的位置。于是古希腊人给这"两颗"行星取了不同的名字：当它出现在傍晚时，被叫作赫耳墨斯；当它出现在早晨时，为了纪念太阳神阿波罗，它被称为阿波罗。后来，古希腊哲学家毕达哥拉斯根据自己的发现指出人们的错误，证明实际上是同一颗行星。

水星凌日

在某些情况下，水星会从太阳面前经过，当水星、太阳、地球三者在同一条直线上，人们可以看见在明亮的太阳圆盘背景上出现了一个小黑点，那就是水星，这种现象被称为"水星凌日"。水星凌日时，如果仔细观察，会看到水星的边缘异常清晰，这说明水星上是没有大气的。

环形山

水星表面结构很像月球，到处是大大小小的环形坑穴，这些坑穴被称为环形山。在国际天文学联合会已命名的 310 多个水星环形山中，有 15 个是以中国文学家、艺术家的名字命名的，

如伯牙、蔡琰、李白、李清照、鲁迅等，以此来纪念他们为人类做出的卓越贡献。

"水"的误解

有人说水星上可能有生命存在，因为它叫水星，那么它上面一定有水。其实这是人们对水星的一种误解。水星上昼夜温差极大，白天温度最高约达 440℃，晚上温度则低至 -160℃ 以下，而且水星上也没有大气层。在这些条件下，水星上存在水的希望非常渺茫。

宇宙科学馆

经科学家分析证实，水星上的环形山大多是 40 亿年前被陨星撞击而形成的。

耀眼夺目的金星

按照离太阳由近及远的次序来看，金星是太阳系的第二颗行星，它与水星是太阳系中仅有的两颗没有天然卫星的大行星。

金星的地貌

金星表面与地球表面有几分相似。金星上也有高原，并且高原一般很大，其中最大的有半个非洲那么大。金星北半球有一个最高的高原，它比南半球表面高出了5000米。在这个高原的东部，绵延着一座巍峨的山脉——麦克斯韦山脉，比喜马拉雅山高约2000米，直指云霄，是金星上的最高点。此外，金星上还有很多火山，是太阳系中火山数量最多的行星。

与地球地表最大的不同

是，金星上有环形山分布，但因为有大气保护，金星上的环形山并不像水星和月球上那么多。目前金星上已被发现的环形山，直径从 50 千米到 250 千米不等。科学家认为，这些环形山形成的主要原因是火山爆发，因为在金星赤道附近的火山口，有火山活动的明显痕迹。

另外，尽管金星表面与地球表面有些相似之处，但是两颗星球的陆地面积相差很大。地球陆地只占地球表面积的 3/10，其余 7/10 为浩瀚的海洋。而金星陆地占其表面积的 5/6，剩下的 1/6 是小块无水的低地。

超神奇！

金星是太阳系中唯一逆向自转的大行星，自转方向与其他行星相反，是自东向西。因此，在金星上看，太阳是西升东落。

金星的不同名称

金星在不同的国家和地区有着不同的名字。我国古代把金星称为"太白星";把太阳升起之前就出现在东方的金星,称为"启明星",表示距天明不远;把傍晚时低垂在西边地平线上的金星,称为"长庚星",预示着漫漫长夜即将到来。古罗马人把金星想象成爱与美的女神的化身,所以称其为"维纳斯"。

金星的亮光

从地球上远望,金星发出的银白色亮光璀璨夺目,亮度仅次于太阳和月球。金星如此明亮有两方面原因:一方面,金星包裹着厚厚的橙黄色的云雾,这层云雾反射日光的本领很强,而且对红光的反射能力强于蓝光,所以,金星的银白色光中,多少带点儿金黄色;另一方面,金星是距离太阳第二近的行星,平均距离仅 1.08 亿千米,太阳照

射到金星的光比照射到地球的多一倍，所以，这颗行星显得特别耀眼。

金星凌日

金星凌日是一种天文现象。当金星位于太阳和地球之间，三者处于一条直线上时，人们可以看到太

宇宙科学馆

科学家研究发现，金星大气层中那些橙黄色的浓云是具有强烈腐蚀作用的浓硫酸雾，这样的生存环境，是很难有生命存在的。

阳表面有一个小黑点慢慢穿过，天文学上称之为"金星凌日"。这一现象可分为五个阶段：凌始外切、凌始内切、凌甚、凌终内切、凌终外切。

红色的火星

火星是太阳系由内往外的第四颗行星，也是地球的邻居，和地球有很多相似之处。其直径为地球的一半，自转轴倾角和自转周期与地球相近，但公转一周的时间是地球公转一周的两倍。

火星的地貌

火星上有多种地形，如高山、平原和峡谷，同时也有明显的四季变化，这两点是它与地球最主要的相似之处。除此之外，火星与地球的差别很大。

火星可以说是一颗沙漠行星，地表沙丘、砾石遍布。由于重力较小等因素，地形尺寸与地球相比亦有不同。火星南北半球的地形呈现出强烈的对比：北半球是被熔岩填平的低原，南半球则是充满陨石坑的古老高地，而两者之间以明显的斜坡分隔；火山地形穿插其中，众多峡谷亦分布各地；南北极则有以干冰和水冰组成的极冠；风成沙丘广布整个星球。目前，通过越来越多的卫星拍摄的图像，人们在火星上发现了更多奇异的地貌景观。

超神奇!

火星与地球约15年出现一次近距离接触，6万年来最近的距离为5576万千米，最远距离则超过4亿千米。

火星的颜色

用肉眼观测火星，能看到它发出暗红色的荧光。为什么火星是红色的呢？原来火星表面岩石中含有大量的铁，当岩石风化变成沙尘时，其中所含的铁就被氧化成

氧化铁，氧化铁的沙尘呈红色。火星表面非常干燥，这使得火星上的氧化铁沙尘被风吹动，到处飞扬，甚至形成覆盖整个星球的风暴。这样反复出现的风暴，使火星的表面覆盖着厚厚的红色氧化铁沙尘，在太阳的照射下，就反射出红色的光。

有水的证据

从火星表面获得的探测数据证明，在远古时期，火星曾经有液态水，而且水量特别大。这些水在火星表面汇集成一个个大型湖泊，甚至是海洋。现在我们在火星表面可以看到的众多纵横交错的河床，可能就是当时经流水冲刷而成的。此外，火星表面的许多水滴形"岛屿"也在向我们暗示这一点。

宇宙科学馆

科学家根据火星探测器收集的数据研究发现，火星两极有白色的极冠，由水冰和少量干冰组成。火星极冠会随季节的变化而消长。

火星上的甲烷

"好奇"号是美国研制的一辆火星车，2012 年 8 月成功登陆火星表面。在"好奇"号的所有探测使命中，有一项任务备受关注，那就是探测火星上是否有甲烷。

找到甲烷的意义

在地球上，产生甲烷的最主要方式是分解微生物。因此，甲烷常与生命联系在一起。虽说甲烷并不只靠生命产生，但通过其他方式产生

超神奇！

很多家庭做饭的时候都离不开天然气。天然气的主要成分就是甲烷。甲烷是最简单的有机物。除天然气外，沼气的主要成分也是甲烷。

的效率远没有分解微生物的效率高。所以，甲烷被认为是行星生命的指征物质。

另外，甲烷并不稳定，易与其他物质发生化学反应而消失。因此，通过监测地球大气稳定的甲烷浓度，便能证明地球上存有大量的生命。

对甲烷的探测

早在 2004 年 3 月 30 日，欧洲航天局的"火星快车"号探测器就在火星大气中发现了甲烷。这对寻找外星生命的科学家来说，是极大的鼓舞。但报告中的甲烷含量大约只有火星大气的十亿分之一，这个浓度足以让科学界怀疑是否误报，很难让科学界信服。

2013 年 12 月到 2014 年 1 月，美国"好奇"号火星车测到了甲烷在火星大气中的浓度只有一亿分之几，但这是之前报告的数据的十倍，这立即激发了科学家们的极大热情。在接下来的测量中，科学家们又发现，甲烷浓度维持了约 2 个月后又急剧下降。他们马上进行猜测，这或许是火星微生物的季节性繁殖引起的。但也有科学家认为，这可能是一次意外的火山活动导致的。就在此时，一个坏消息突然传来：在"好奇"号发射之前，用于检测火星大气甲烷的相关仪器已经被污染，同时，"好奇"号自身的一些化学物质也产生了一些甲烷。很遗憾，火星上存在甲烷的证据依然不足。

后来，欧洲航天局联手俄罗斯联邦航天局制订了"ExoMars"计划。该计划分为两部分：一部分计划是于 2016 年把一个火星轨道探测器送入火星环绕轨道，同时将一个着陆器送上火星地表；另一部分计划是于2020年把一辆火星车送到火星表面。该计划中的火星探测器名为"微量气体轨道探测器"，简称为TGO。2016年，虽然TGO成功进入火星环绕轨道进行探测，可令人遗憾的是，依然没有令人信服的证据证明火星上存在甲烷。该计划的第二部分因各种问题被延期了，让我们拭目以待。

甲烷之谜依然悬而未决

到了2019年，英国《自然》杂志的副刊发表了欧洲航天局的一篇支持"好奇"号的结论的报告。可几天之后，《自然》杂志又登出一篇公布TGO探测结果的论文，并得出火星上未发现甲烷的结论。至今，火星上是否存在甲烷，依然未被破解。

宇宙科学馆

TGO携带的两个独立的分光仪都能探测到低于十万亿分之一浓度的甲烷。两个分光仪独立工作，交叉比对，可谓是双保险。

火星生命之谜

人类对火星上存在生命的可能性一直寄予极大的希望，这种希望甚至已经持续了几个世纪。虽然越来越多的迹象表明火星更像是一个荒芜死寂的世界，但某些证据仍然向我们指出火星上可能存在过生命。

火星生命的探索

超神奇！

在希腊神话中，火星被称为"战神阿瑞斯"；在北欧神话中，火星被称为"战神提尔"；而古埃及人甚至把火星视为农耕之神。

一直以来，火星都以它与地球的相似性而被认为有存在外星生命的可能。

第一，科学家发现火星上有很多蜿蜒曲折的网状水道和星罗棋布的岛屿，他们参照地球上"沧海桑田"的变化历程，对火星漫长的周期变化规律进行了深入的研究。最终，他们认为，相较于地球，火星曾经有更多的大气和更温暖的气候，并且火星表面可能曾经有水流经过，这是生命出现的良好契机，未来在这个方向上进行研究，可能会取得一定的突破。

第二，科学家对在南极洲找到的一块来自火星的陨石进行分析，表明这块陨石中存在着一些类似微体化石的管状结构。

第三，科学家在火星上发现了如人面石、金字塔等古建筑物一样的遗迹。

所有这些都将继续使人们对火星是否存在生命的问题保持着极大的兴趣。

第二个"地球"

火星与地球的环境非常相似，除了大小与地球相似之外，它还有和地球相似的四季变化，因此人们一直把火星视为最适宜人

宇宙科学馆

到目前为止，人类还不能登上火星，这是由多种因素决定的，最主要的原因是火星与地球之间的距离很遥远，人类的科技水平还实现不了载人火星探测。

类移居的星球。有的科学家认为，通过人类的不懈努力，火星完全有可能被改造成第二个"地球"。

美国国家航空航天局向火星发射的"机遇"号和"勇气"号火星车都已在火星上找到相关证据，证明火星上曾经存在水。另外，美国的"好奇"号火星车曾对火星的土壤进行样本分析，发现其中有二氧化碳、水等物质，这也证明了火星上是存在水的。另有科学家透露，他们已在火星大气中发现了甲烷的蛛丝马迹，这很可能是生活在土壤中的火星微生物的副产品。为此，有越来越多的科学家相信，火星可以被改造成第二个生机盎然的"地球"。

火星的未来

经过上百年的努力，我们对火星有了基本的认识，对火星的探索也在有条不紊地进行着。探索火星的最终目的是要改造它，并将人类迁移过去，建立人类的第二个家园。那么，怎样改造火星呢？

提升火星温度

火星目前的平均气温是 – 63℃，对地球上的生物来说过于寒冷。假如将火星的气温提升到与地球相似的温

度（14℃左右），那火星将变得宜居。用二氧化碳增强火星的温室效应，是提升火星温度的一个好办法。

另一种思路，是先找到一颗合适的小行星，再安装火箭，改变其运行轨道，让其与火星相撞。这种撞击不仅可以释放大量的能量，还可以释放出温室气体，进而使火星升温。不过，这一方法的困难在于大小和轨道都合适的小行星很难找到。另外，火箭的制造成本、运输和安装都是难题。

超神奇！

科学家大胆设想，可在火星上引爆核弹释放出大量热能来提高火星温度。尽管这种方法看上去简单快捷，但缺点却很明显，那就是核爆炸造成的核污染会使火星不再适合人类居住。

氧气的制造

宇宙科学馆

蓝藻是一种生命力顽强的、能够进行光合作用的大型单细胞原核生物，是地球早期氧气的供应者之一，它能够在很微弱的阳光下进行光合作用。

火星大气很稀薄且主要成分是二氧化碳，人类可以利用火星上的二氧化碳制造氧气。美国国家航空航天局的科学家在"毅力"号火星车上安装了一台名为"MOXIE"的设备来进行火星氧气原位资源利用实验，基本原理是通过电解的方式，把二氧化碳分解成碳和氧。2021年4月20日，这台设备在1小时内产生了约5.4克氧气，这足够一名宇航员呼吸10分钟。未来将同类大型设备送上火星，就能为火星移民提供足够的氧气。

另一种在火星上制氧的思路是利用一种名为蓝藻的植物。科学家发现，蓝藻能在沙漠、极地甚至外太空生存。未来，我们可以把蓝藻送上火星，

设法让它们在火星上存活下来，为火星制造氧气。

水的获取

目前，对火星的探测结果表明，在火星的地下和两极存在大量的水冰，甚至还有 4 个冰下湖。如此看来，水源的问题比较容易解决：只需对水进行净化，达到人类的饮用标准即可。但一些科学家认为，火星上的水不会太多，并不足以满足人类移民后的需求。不过，有很多方法可以解决这一问题，比如在火星上建设水制造厂。更为大胆的设想是引导彗星撞击火星给其"补水"，因为彗核里有冰。这个设想看似离奇，但并非毫无根据。有科学家认为，地球上的一部分水便是来自彗星。

自带光芒的木星

木星是距离太阳第五近的行星，同时也是太阳系中最大的行星，它的体积和质量比其他七大行星的总和还要大。

木星的组成

木星大气主要由氢和氦组成，此外还有氨、甲烷和水，还可能有乙

超神奇!

1610 年，伽利略发现了木星的 4 颗卫星。为了纪念伽利略的功绩，人们把这4 颗卫星（木卫一、木卫二、木卫三和木卫四）命名为"伽利略卫星"。

炔、乙烷、氢硫化氨、磷化氢等各种有机或无机聚合物。

分析表明，木星的大气厚约 730 千米，下面是大部分的行星物质集结地，以液态氢的形式存在；再下

面是由离子化的质子与电子组成的液态金属氢；然后才是一个可能由硅和铁组成的石质木星核。

木星圆面上有许多带状纹，这些带状纹是木星的大气环流。气体中亮的部分叫作"带"，是气体上升的地带；暗的部分叫作"条"，是气体下降的区域。

木星大红斑

木星除了色彩缤纷的条和带之外，还长着一只"眼睛"。它形似鸡蛋，颜色鲜艳夺目，红中略带褐色，人们叫它大红斑。大红斑位于木星的南半球，它的南北宽度保持在 1.1 万千米左右，东西方向上的长度在不同时期有所变化，最长时可达 4 万千米。也就是

说，从大红斑东端到西端，可以并排放下3个地球。其在木星上的相对大小，就好像澳大利亚在地球上那样。

大红斑的颜色偶尔也有变化。20世纪二三十年代，大红斑呈鲜红色，光彩夺目。1951年前后，大红斑也曾呈现出淡淡的玫瑰红，但大部分颜色比较暗淡。

近年来，科学家们发现，大红斑是一团剧烈上升的气流。它沿逆时针方向不停地旋转，像一团巨大的高气压风暴，每6天旋转一周。这团巨大的气流可谓"翻江倒海""翻天覆地"。它从1660年被人类认识以来狂暴地旋转了三百多年，真是令人咋舌。

木星的运转

和其他七大行星一样，木星也有自转和公转。木星绕太阳公转一周需要11.86年，几乎每年地球都有机会位于木星和太阳之间。在这段时间里，太阳落山时，木星正好升起，我们整夜都能看到它。木星自转很快，自转一周只需9小时50分钟。飞快的自转使它的两极非常扁

宇宙科学馆

就木星的发展趋势来看，它很可能成为太阳系中与太阳分庭抗礼的恒星。据研究，约30亿年以后，太阳到了"晚年"时，木星很可能取而代之。

平，因此它的外形看起来有点儿像被压扁的球体。木星外面裹着厚厚的大气层。木星快速的自转也带动大气层顶端的云层高速旋转，这种高速旋转产生的离心力把云层拉成线丝，从而使木星云层在赤道上空高高隆起。

巨大的能量

木星有个与众不同的特点，就是它有自己的能源，是一颗会发光的行星。在人们的认识中，行星不具备发光能力，是靠反射太阳的光线而发光的。近年来，人们通过对木星的研究，证实木星正在向周围的宇宙空间释放巨大的能量，它释放的能量，是它从太阳那里所获得的能量的两倍，这说明木星的能量有一半来自它的内部。

忠诚的木卫二

木卫二英文名叫 Europa，是木星的第六颗已知卫星，在伽利略发现的四颗卫星中离木星第二近。

地质结构

木卫二的结构与类地行星（天体特征与地球类似的行星）类似，都由硅酸盐岩石组成。它的外表由水覆盖，专家猜测其厚度可达上百千米（上层为冰层，冰壳下是液态的海洋）。1995—2003 年，"伽利略号"飞船环绕木星进行科学探测时采集到的磁场数据表明，木卫二受木星磁场的影响，本身可以产生一个感应磁场，这表明其冰层下面很可能有一个与地球海洋相似的传导层，木卫二内部还可能有一个金属内核。

宇宙科学馆

木卫二公转一周约 3 天半。它的轨道接近正圆形。木卫二被潮汐锁定在它的母星上，因此木卫二的一面半球永远朝向木星。

稀薄的大气

　　在太阳系已知的所有卫星中，只有 7 颗具有大气层，木卫二就是其中之一。1994 年，哈勃空间望远镜观测到，木卫二的外表有一层非常稀薄的大气，其主要成分是氧。与地球不一样的是，木卫二大气中的氧并非由生物形成，而很可能是在带电粒子的撞击下和太阳紫外线的照射下形成的，即木卫二冰面上一部分水在该作用下被分解成氧和氢，氢因原子质量轻而逃散，氧因原子质量相对较重被保留下来。

冰面喷泉

　　美国国家航空航天局通过哈勃空间望远镜在木卫二上发现了高约 200 千米的喷泉，此喷泉为间歇性喷发喷泉，每次喷发时间约 7 小时。研究人员还指出，木卫二上的喷泉可能与土卫二上的喷泉相似，但木卫二上的喷泉不会像土卫二上的喷泉那样逃逸到太空中，而是会落回木卫二表面。

生命的猜测

科学家推测，木卫二这颗被冰层覆盖的星球是太阳系中除地球以外最有可能有生命存在的地方。木卫二的外表覆盖着断裂的冰层，冰层下方可能存在海洋，那里很可能有很多生命体。而海底还可能有热液喷口。在地球上，这样的喷口周围常出现各式各样的生命形态，科学家们猜测这种喷口可能是地球生命的起源地。

超神奇！

热液喷口被科学家认为是世界上最恶劣的环境之一，看上去似乎并不宜居，其实它们如同海洋中的"热带雨林"，是无数软体动物、甲壳类动物、环状蠕虫等生命的摇篮。

光环围绕的土星

在太阳系八大行星中，土星是比较抢眼的一个，因为它有一个惹人注目的光环，使它看上去就像戴着一顶漂亮的大草帽。

土星的构成

土星被称为气态行星，但它并非全是气态的。土星外围的大气主要由氢和氦组成，此处还有氨、乙炔、乙烷、磷化氢和甲烷。上层的云由氨的冰晶组成，较低层

的云则由氢硫化氨或水组成。它的内核部分主要是岩石和冰，外围包裹着数层金属氢和气体。

土星环

土星环位于土星的赤道面上，是由大量的尘埃、颗粒、岩石块、碎冰块等物质构成的。这些形状不一、大小各异的物质会排列成成百上千条光环，围着土星运动，有些地方甚至会像麻花一样扭结成一团。那么，土星环是怎样形成的

宇宙科学馆

土星光环很薄，透过土星光环，我们可以见到光环后面闪烁的星星。

呢？科学家推测，可能是在太阳系形成早期，一些小的行星、彗星之类的天体与土星的卫星发生碰撞产生了大量的碎片，这些碎片在土星的轨道中运行并最终形成了土星环。

土星的体态

超神奇！

目前，已发现的土星卫星共有62颗，其中属土卫十、土卫十一最为"调皮"，它们在围绕土星公转时，会一前一后地进行"赛跑"，大约每隔4年，一颗就会超越另一颗，并且还会交换轨道。

与地球相比，土星的赤道直径是地球的9.42倍，体积约是地球的830倍。土星的核心表面没有像地球那样的幔和壳，只有核外的冰层和与之相连的大气。因此，它虽然体积很大，密度却很小。水的密度为每立方米1000千克，土星的密度只有水的70%，假如把土星放在水中，它会漂浮在水面上。

冰冷的土卫二

土卫二于 1789 年被英国天文学家威廉·赫歇尔发现，是土星的第六大卫星。在"旅行者号"探测器于 20 世纪 80 年代探测土星之前，人们只知道土卫二是一颗覆盖着冰层的卫星。

土卫二的命名

土星的英文名称 Saturn 为罗马神话中的农

超神奇！

国际天文学联合会用文学作品《一千零一夜》中的地名和人名来命名土卫二的地表构造。其中撞击坑以人物命名，其他地质结构，如山脊、深谷、平原和沟槽，则以地点命名。

业之神萨图恩，即希腊神话中巨人族领袖克洛诺斯。恩克拉多斯（Enceladus）是希腊神话中巨人族的勇士，为克洛诺斯的追随者，所以便以恩克拉多斯的名

字命名土卫二。

到目前为止，国际天文学联合会共正式命名了 57 处土卫二的地质结构。其中有 22 处为"旅行者"号于 1982 年发现，其余 35 处为"卡西尼"号于 2005 年在三次飞掠中发现。

大小与外形

土卫二是一颗相对较小的球状卫星，平均直径仅为月球直径的 1/7，略小于大不列颠岛的最大长度。不过若论其球体面积，土卫二则要大得多，相当于莫桑比克的国土面积。

土卫二表面

1981 年 8 月，美国发射的"旅行者"2 号探测器首次近距离观测土卫二。通过分析所获得的图像信息，科学家们找到了至少 5 种不同的地形，包括撞击坑地形、平坦地形（较年轻）等。

1997 年 10 月，美国和意大利等国家的航天局合作研发的"卡西尼"号星际探测器被成功发射到飞往土星的轨道上。"卡西尼"号在飞掠土卫二时观测到更多土卫二表面的细节。如"旅行者"2 号所观测到的平坦地形，实际上是陨石坑分布较少的区域，这些区域还分布有山脊和悬崖。同时，在地质年龄较大、撞击坑较多的区域，还发现了许多地缝。这表明撞击坑形成后，该区域还发生了剧烈的地质运动。

宇宙科学馆

考虑到平坦区域的撞击坑较少，科学家推测这些平坦区域的形成时间可能仅为数亿年。所以，在较近的地质期内，土卫二上存在冰火山，而正是冰火山的地质活动，才使满目疮痍的地表变得平整如初。

神秘的土卫六

土星拥有几十颗卫星，如同一个大家族。这些卫星形态各异，让天文学家对它们产生了浓厚的兴趣。其中，1655 年由荷兰天文学家惠更斯发现的土卫六最为著名，这是因为土卫六上有大气，是太阳系中真正确定有大气存在的卫星。

名字的由来

土卫六的英文名为 Titan，和另外在当时已知的土星的七颗卫星的名称均来自英国天文学家约翰·赫歇尔爵士（约翰·赫歇尔是威廉·赫歇尔爵士的儿子，威廉·赫歇尔发现了土卫一和土卫二）。约翰·赫歇尔在 1847 年的《在好望角天文观测的结果》一书中把这颗新

发现的卫星称为"泰坦",泰坦在希腊神话中是克洛诺斯和他的兄妹们的统称。

超神奇！

土卫六上不仅有大气层,还存在着液态甲烷,所以科学家们推测,土卫六上极有可能有生命存在。

物理特性

土卫六是土星最大的卫星,是太阳系第二大卫星,只比木星最大的卫星木卫三小。但近年来,天文学家通过观测发现,土卫六上面浓密的大气使我们高估了土卫六的直径。土卫六是由水冰和固体材料组成的,在结晶状冰层的3000多米以下有一个固体核心。虽然土卫六与土卫五及其他的土星卫星相

似，但土卫六的核心密度更大，这是由它巨大的体积引发重力压缩造成的。

大气情况

　　土卫六是到目前为止已知的唯一拥有浓厚大气的卫星，其他的卫星最多是有示踪气体。1944年，天文学家杰勒德·柯伊伯通过光谱望远镜观测到土卫六上存在大气，他发现土卫六大气中的甲烷有局部压力，达到了10000帕。后来，"旅行者"号探测器的观测也印证土卫六上确实拥有大气。事实上，土卫六的表面大气压力比地球还要大一些，约为地球的1.5倍。

宇宙科学馆

　　示踪气体是对真空系统进行检漏的气体。示踪气体由于自身独特的质量，易被检测或跟踪。通常所说的示踪气体是指氦气。

躺着运行的天王星

天王星是太阳系由内向外的第七颗行星。这颗奇特的行星的发现，经历了漫长的过程。

发现过程

天王星的发现过程极为偶然。1781 年，在一个很平常的日子里，英国天文学家威廉·赫歇尔像往常一样，在妹妹加罗琳的陪同下，用自己制造的反射望远镜对着夜空进行巡天观测。当把望远镜指向双子座时，他发现一颗很奇妙的星，乍一看像是一颗恒星，闪闪发光，这引起了他的注意。

第二天晚上，他继续观测。原来这颗星还在移动，这颗星没有朦

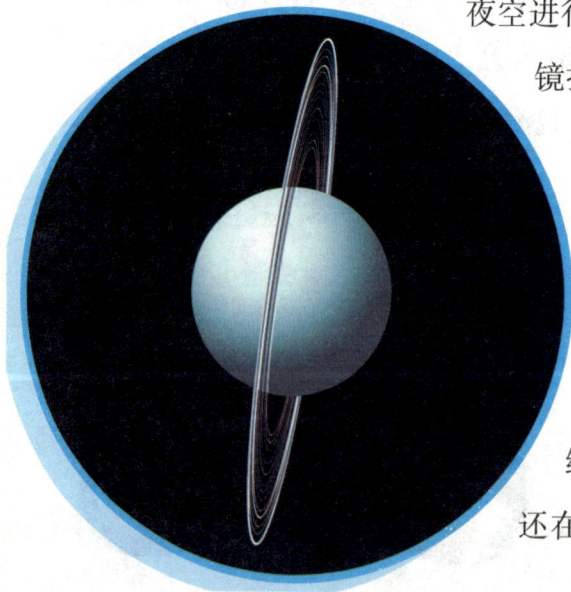

胧的彗发，也没有彗尾，肯定不是一颗彗星。赫歇尔后来以"关于一颗彗星的探讨"为题提出报告。

经过一段时间的观测和计算之后，人们发现这颗一直被看作彗星的新天体，实际上是一颗在土星轨道外运行的大行星，离太阳约28亿千米。这样，太阳系的范围一下子扩大了整整一倍之多。有不少天文学家建议用发现者赫歇尔的名字命名，但被他谦虚地拒绝了，最后是以希腊神话中最早的天神"乌拉诺斯"命名，中国称其为天王星。

超神奇！

目前发现的天王星卫星有27颗，这些卫星的名字都取自英国剧作家莎士比亚和诗人蒲柏的作品。

天王星的转动

在行星世界里，天王星具有独一无二的特征，即它的赤道面与它的轨道面倾角为97°55′。这就是说，天王星的自转轴和它的轨道

面交角很小，所以它看起来几乎是躺在它的轨道上。可以想象，以这样的姿态运动，天王星上的四季和昼夜现象自然更加复杂了，粗略地计算一下可以发现，天王星环绕太阳运行一周需要 84 个地球年。天王星的卫星也很奇特，上面的环形山表面都覆盖着一层含碳的黑色物质，这使得这些卫星看起来都黑乎乎的。

天王星的体态

天王星的赤道半径约为 2.61 万千米，体积约是地球的 65 倍，仅次于木星和土星，居于第三位。它的质量是地球的 14.6 倍，比木星、土星和海王星小，居第四位。由于天王星离太阳很远，它接收到的太阳能量只有地球的千分之二，因此它的表面温度只有 −180℃ 左右，是一颗冰冷的星球。

宇宙科学馆

天王星公转一周约需要 84 年，如果我们生活在天王星上，一辈子也不可能绕太阳两周。

蓝色的海王星

海王星是一颗远日行星，按照与太阳的平均距离由近及远排列，为第八颗行星，人的肉眼是无法看到的。

发现过程

海王星的发现过程颇有几分传奇色彩。最开始观测并描绘出海王星的是大名鼎鼎的科学家伽利略，但是他当时误认为海王星是一颗恒星。因此，海王星的发现并不归功于他。19世纪中期，英国青年亚当斯和法国青年勒威耶各自独立计算出干扰天王星运动的第八颗行星的轨道，据此英国青年亚当斯和法国青年勒威耶同时计算出了海王星的位置，后经德国天文学家伽勒用望远镜发现。

海王星的体态

海王星的赤道半径约为2.49万千米，是地球赤道半径的3.9倍。海王星呈扁球形，它的体积约是地球体积的59倍，质量是地球质量的17.2倍，平均密度为每立方米1800千克。海王星在太阳系中，仅比木星和土星小。

海王星的转动

海王星自转周期为19.2小时，赤道面与轨道面的交角是28° 48′。海王星绕太阳公转的轨道很接近正圆形，轨道面和黄道面的夹角很小。它的公转速度很慢，大约要164.8年才能绕太阳一周，从1846年发现到现在，它只走完了一个全程。

超神奇！

海王星表面有大黑斑，它能容下一个地球，看起来非常像木星上的大红斑，但其实完全不同。海王星的大黑斑一般被认为是海王星被甲烷覆盖时产生的一个洞孔。

海王星的构成

海王星内部有一个质量和地球差不多的核。核是由岩石构成的，温度为 2000 ~ 3000℃。核外面是质量较大的冰层，再外面是浓密的大气层。海王星的大气层以氢和氦为主，还有微量的甲烷。此外，在大气中还有许多紊乱的气旋在翻滚。

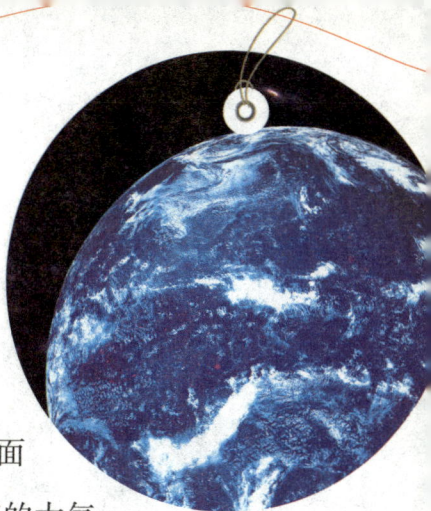

海王星上的气温

在海王星的四季中，冬季、夏季温差很小，不像地球四季变化这么显著。由于海王星离太阳太远（约为 45 亿千米，是地球与太阳距离的 30 倍），在它表面每单位面积受到的日光辐射只有地球上的九百分之一，日光强度仅仅相当于一个不到 1 米远的百瓦灯泡所发出的光线的强度，因此它表面温度很低，约为 −200℃。

宇宙科学馆

存在于行星大气层中的甲烷，是使行星呈现蓝色的原因之一。海王星的蓝色比天王星更为鲜艳，因此其大气层中可能还有其他成分。

被降级的冥王星

1930 年，美国天文学家董波发现了冥王星，由于错估了冥王星的质量，所以一度将其列为太阳系第九大行星。

冥王星的内部结构

超神奇!

人类首个造访冥王星的探测器是美国国家航空航天局于 2006 年发射的"新地平线号"探测器。

因为放射性元素的衰变最终会加热冰层内的物质，使岩石与冰分离，所以科学家们推断冥王星的内部构造与众不同，岩石物质沉积在被水冰幔包围的致密核心中，外壳为冻结的氮，还含有甲烷冰与一氧化碳冰。"新地平线号"之前对其内核直径估算为 1700 千米，约占其直径的 74%。这种形式的

加热可能持续不断地进行，在地幔边界形成100~180千米厚的地下海洋。2020年6月，天文学家发布了冥王星最初形成时可能存在内部海洋的证据。

降级原因

通过观测，冥王星的直径约为2300千米，比月球还要小。2006年8月24日召开的第26届国际天文学联合会大会上，经过2000余名天文学家表决通过，太阳系只有八大行星，不再将传统九大行星之一的冥王星视为行星，而将其归为矮行星。

除了质量太小之外，冥王星和行星的新定义也有相悖之处：行星必须是围绕恒星运转的天体，这一点冥王星是相符的；质量要足够大，能依靠自身引力呈圆球状，这一点冥王星也基本相符；轨道附近没有其他天体，这一点冥王星不符，它的轨道是和海王星有交集的。因此，

冥王星被排除在行星之外，被归为矮行星。

冥王星的卫星

冥王星虽然被降为矮行星，却拥有自己的"卫星家族"，目前已经发现的卫星有5颗。其中，冥卫一又名卡戎星，就是冥王星的"月亮"，也叫"冥月"。在冥王星上看，卡戎星比月亮亮得多。由于卡戎星的大小达到冥王星的一半，所以很多天文学家认为卡戎星并不是传统意义上的卫星，它其实和冥王星构成了一个双星系统。此外，据科学家推断，冥王星周围可能还隐藏着多达10颗甚至更多尚未被发现的小卫星。

宇宙科学馆

矮行星是一种体积介于行星和小行星之间，绕恒星转动，质量足以克服固体引力以达到圆球状，但无法清空所在轨道上的其他天体和物质的天体。

遍布太空的小行星

小行星是一种类似于行星环绕太阳运动，但体积和质量比行星小得多的天体。几乎每一周都有一颗小行星从地球附近掠过，有的甚至有可能撞击地球，直接威胁人类的生命。

小行星的分类

小行星带由原始太阳星云中的一群星子（行星前身）形成，但是木星的引力影响了它们形成行星，使得它们相互碰撞，产生许多残骸和碎片。根据组成成分的不同，小行星大致可分为三类：第一类是碳质小行星，其主要成分是碳，离太阳较远，反射率很小；第二类是石质小行星，离太阳较近，反射率较大；第三类是金属小行

星，其中铁、镍的含量比较高，但表面粗糙，反射率介于前两者之间。

小行星带

随着人们小行星观测水平的不断提高，被观测到的小行星越来越多。到目前为止，通过巡天照相机，已经观测到了 76 万多颗不同亮度的小行星。这些小行星如同一条带子分布在火星和木星轨道之间，天文学家习惯把这个区域称作小行星带。

小行星的命名

依照国际规定，对于新发现的小行星，必须经过不少于三次不同冲日的观测证实，并通过计算得到它的准确轨道，才能获得正式编号。之后，发现者可按照一定的规则给它命名。最早被观测到的小行星——谷神

星被编为第1号，智神星被编为第2号，往后的小行星也按照发现的先后次序来编号。到2018年4月，已获永久编号的小行星有516386颗。

我国从20世纪开始观测小行星。1928年，我国的天文学家张钰哲用反射望远镜在美国叶凯士天文台观测到一颗小行星。这是我国天文工作者发现的第一颗小行星，该小行星被命名为"中华"。中华人民共和国成立后，中科院紫金山天文台做了大量的观测工作，陆续发现了400多颗小行星，其中被正式编号的小行星有54颗，被正式命名的小行星有41颗。

从第1号小行星谷神星的发现到现在，已经过去了200多年。为了纪念在最初发现小行星方面做出突出贡献的皮亚齐和奥伯斯，国际上将第1000号小行星命名为皮亚齐，将第1002号小行星命名为奥伯斯。

宇宙科学馆

谷神星由意大利天文学家皮亚齐于1801年观测发现，它是目前被观测到的最大和最重的小行星。

带尾巴的彗星

彗星是一种围绕太阳运动的天体，亮度和形状会随日距变化而变化，一般呈云雾状。

彗星的起源

超神奇！

自古以来，偶尔现身的彗星被抹上了神秘恐怖色彩，我国民间叫它"扫帚星""妖星""灾星"等，常把它和灾祸联系起来，其实，彗星与天灾人祸毫无关系。

关于彗星的起源有两种观点。一些人认为彗星是太阳系形成时的一部分，但是它们没有参与行星的形成，也许是因为组成彗星的成分在距离太阳很遥远的地方运动着。虽然它们形成了类似圆盘的结构，并且在引力的作用下，盘内的粒子集聚成各种大小的固体，但是由于附近没有

一颗恒星照耀而使其凝结为低温条件下自然形成的冰，因此彗星的成分中包含了冰、干冰和一些固态的有机物。还有一些人认为彗星是天外来客，是过路的一颗恒星由于太阳的引力作用，其中的一部分物质发生偏转，以众多碎片的形式进入了太阳的控制区域。

彗星的构成

彗星实际上是一个由石块、尘埃、甲烷、氨组成的冰块，我们把这个冰块称为彗核。彗核形状酷似一个长马铃薯，呈深黑色，就像一个"脏雪球"。如果在彗星进行环星旅行，大约半天就走完了。当彗星远离太阳时，人们在地球上是无法辨认的，而当这个"脏雪球"飞向太阳的时候，太阳的加热使彗星表面的冰升华成气体，与尘粒子一起围绕彗核形成云雾状的彗发，彗发和彗核两部分合称彗头。彗核又使阳光散射，便形成星云般发淡光的彗尾。

彗星的分类

彗星可分为沿椭圆形轨道运动的周期彗星，以及沿抛物线和双曲线轨道运动的非周期彗星。周期彗星循着轨道周期性地回到太阳附近。只有这时，它才显得亮，我们在地球上才容易发现它。周期彗星以200年（公转周期）为界，分为长周期和短周期两种。非周期彗星是太阳系的一个过客，只是匆匆绕太阳转个弯，就一去不复返了。因为运行轨道不稳定，所以彗星在经过行星附近时，极易受到行星引力的影响，改变运行速度和方向，并使轨道的形状发生变化。正是由于彗星的这些特点，人们才形象地把它称为太阳系的"流浪汉"。

宇宙科学馆

哈雷彗星是非常有名的周期彗星，是由英国天文学家哈雷在1682年8月发现的。它大约每隔76年就会回归一次，预计到2061年，它会再次出现。

美丽的流星雨

流星雨是人们所能目睹的少数宇宙奇观之一，人类重视流星雨，更重要的原因是它能给我们送来研究宇宙的最直接证物——陨石。

流星雨的形成

流星是一些尘粒和固体块等空间物质闯入大气层，并在大气层中摩擦燃烧并发光的一种现象。彗星运行到太阳附近时，会被太阳辐射的热量和强大的引力一点点瓦解，同时在自己的轨道上留下诸多气体与尘埃颗粒，这些被遗弃的物质会形成很多小碎块。若是彗星和地球

的轨道有交点，这些小碎块就会被遗留到地球的轨道上，当地球运行至这个区域时，小碎块就会如同下雨一样从天而降，这就是我们看到的流星雨。

狮子座流星雨

狮子座流星雨其实并不是狮子座上的流星雨，而是跟坦普尔·塔特尔彗星有关，它的尘粒物质集中在一起，这团流星群每公转一周，会重新和地球相遇。坦普尔·塔特尔彗星平均每33年才会回归一次，这就意味着每隔33年狮子

宇宙科学馆

地球经过彗星尘粒分散而稀疏的部分时，流星雨的规模不是很大，我们就只能看见流星，而不会看到流星雨。

座流星雨才会有一次"盛大表演"。历史上最盛大的一次流星雨是 1833 年的狮子座流星雨。在长达六七个小时的"降雨"过程中，流星总数在 24 万颗以上。在科学不甚发达的时代，这足以让人们目瞪口呆。

超**神奇**！

有一种流星非常明亮，在天空中一边燃烧，一边坠落，身后还拖着一条火红的光尾，这种流星被称为火流星。

20 世纪 60 年代，狮子座流星雨又一次大规模爆发，流星数量达每小时 14 万颗，持续了八九个小时，每分钟约有 2400 颗流星划过天际。

生生不息的地球

地球是我们生息繁衍的地方，是人类共同的家园。

地球的起源

关于地球的起源，目前还没有统一定论。有人认为地球是受宇宙大爆炸影响而诞生的，起源于原始太阳星云。原始地球形成后的几亿年里，由于冲击、压缩、放射性衰变这三种效应，其内部逐渐变热，使原始地球中的金属铁、镍及硫化铁熔化，并沉降为地核。同时，较轻的物质浮动冷却后分离成地

超神奇！

地球并不是一个规则球体，而是一个两极略扁、赤道稍鼓的不规则椭圆球体，有点儿像梨，称为"梨形体"。

壳和水。在热的作用下，有相当一部分水变成了大气。这时，地球就已经具备了所有生物赖以生存的条件，并开始孕育生命。

地球的年龄

20 世纪，科学家发明了同位素地质测定法，这是目前测定地球年龄的最佳方法，是计算地球历史的标准时钟。科学家们发现，地壳岩石中蕴藏着少许放射性元素，根据对岩石中已有的铅和铀的含量的测定，可推算出岩石的年龄。起初，科学家们在各大洲的大陆上找到了 30 亿年以前的古老岩石，之后又在南极洲的火山岩中发现了更古老的岩石，离现在已有 40 亿年左右。经过测算和校正，现在国际上公认的地球年龄为 46 亿年。

地球的结构

地球内部结构是指地球内部的分层结构。目前，人类对地球内部还很难触及，对其知之甚少。当今世界上

最深的钻孔也不过 12 千米，连地壳都没有穿透。科研人员只能通过研究地震波、地磁波和火山爆发来揭示地球内部的秘密。一般认为，地球内部有三个同心球层：地核、地幔和地壳。

地球的转动

地球绕自转轴自西向东转动。地球自转是地球的一种重要运动形式。天文测量发现，地球自转速度有季节性的周期变化，春天变慢，秋天变快，此外还有半年周期的变化。地球的自转使自然界出现了昼夜交替的现象。

地球除了自转外，还绕太阳公转。公转一周所需要的时间，就是地球的公转周期。笼统地说，地球的公转周期是一年。地球的公转使得自然界出现了四季的变化。

宇宙科学馆

地球自转现象被证实并被人们所接受，是在哥白尼提出"日心说"之后。

保护地球的大气层

从宇宙看地球时，能看到这样的景象：地球披着一层蓝色的轻纱在宇宙间游动，像是茫茫太空中的一颗蓝宝石，美丽极了。这层"蓝纱"其实就是地球上的大气，它们在地球引力的作用下，聚集在地球周围，形成一个大气层，又名大气圈。

超神奇！

大气层的空气密度随高度的增加而减小，但各层并没有明显的界限，达到一定的高度就会表现出一些不同的特点，这些特点往往是交叉、混杂的。

大气的形成过程

由于地球引力的作用，原始大气聚集在地球周围，其主要成分是二氧化碳、一氧化碳、氢气和氨气，不过这种大

气并不适合生物生存。植物形成后，经过漫长的演化过程，适合生物呼吸的大气慢慢生成，并大量聚集在地球周围，逐渐形成了数千千米厚的大气层。

大气的成分

大气的成分很复杂，除了氧气和氮气外，还有氢、二氧化碳、氦、氖、氩、氪、臭氧等气体，并含有一定量的水和各种尘埃，这是形成云、雨、雾、雪的重要物质。据科学家推断，地球周围有5000多亿吨的空气。

大气的分层

整个大气层随高度不同有着截然不同的特点，据此，可以将大气层分为对流层、平流层、中间层、热层和逃逸层，此外，还有比较特殊的臭氧层和电离层。大气层之外就是星际空间。

地球的保护伞

我们知道，宇宙中飞行着许多"流浪汉"，即小行星、陨石和彗星，它们随时都可能与地球相撞。许多星球，如月球，都是因为没有大气层，闯入者才可以直接撞击它们的星球表面，留下许许多多的疤痕。比如 1994 年"苏梅克－列维"9 号彗星撞击木星，如在煎锅里丢进冰块，造成了大爆炸，致使木星伤痕累累。而地球却有一层厚厚的大气层，就如同打了一把保护伞。所以，当有不速之客撞入地球的时候，大气便首当其冲，阻住它们的飞速冲击，使其在大气层中摩擦生热并被烧毁，地球便不会遭到撞击。另外，大气层还能挡住宇宙中的有害射线，使地球保持一个适宜的温度。所以我们要保护大气层。

满目疮痍的月球

站在地球上看月球，我们看到的是一个温柔、洁白的世界。但是，月球的样子真的像人们想象的那么美吗？

月球真实的样子

人类首次用肉眼近距离地观看月球，是在 1968 年 12 月美国"阿波罗"8 号绕月

超神奇！

走夜路时，我们总觉得月亮就在头顶上方，认为月亮是跟着人走的。其实这是因为月亮离地球太遥远了，我们随便在什么地方都能够看到它，从而产生了月亮跟着人走的错觉。

飞行的时候。没有想到的是，月球这个在人类心目中最美丽的女神，竟然长得很丑。航天员博尔曼说："它（月球）真的是一片不毛之地，它像一块被上百万

颗子弹射击过的灰色
钢板。"

环形山

环形山通常指碗状凹坑结构的坑。环形山是月球上最显著的地貌特征，几乎布满整个月球表面。月面上的环形山重重叠叠、星罗棋布，其中央是一块圆形平地，外围是一圈隆起的山环，内壁陡峭，外坡平缓，很像地球上的火山口。月球正面直径大于 1000 米的环形山约 3.3 万座，最大的是贝利环形山；月球背面的环形山更多。

月海和月陆

肉眼可见的月面上的阴暗部分，实际是月面上的广阔平原，也就是月海。月海绝大多数分布在月球正面。大多数月海呈圆形，四周多被一些山脉封闭，但也有一些月海是连成一片的。月海类似于地球上的盆地，地势一般较低。

月陆是月面上高出月海的区域，也被称为月球高地。月陆一般比月面高2000～3000米。月陆的返照率较高，因而看起来比较明亮。在月球正面，月陆的面积基本与月海面积相等，但在月球背面，月陆的面积则要比月海大得多。根据同位素测定法，月陆比月海古老得多，是月球上最古老的地形。

月谷和月溪

月球上除了能看到环形山、月海、月陆和山脉等地貌，还能看到一些暗色的大裂缝，弯弯曲曲，绵延数百千米，宽几千米甚至数十千米。这些大裂缝看起来就像地球上的沟谷一样，其中，较宽的被称为月谷，较细长的被称为月溪。

宇宙科学馆

同位素测定法是测定地质年龄的一种常用方法，地球的地质年龄就是由此推测出的。

月食现象

古时候，人们在看到月亮被黑影吞没的景象时，都认为那是可怕的天狗吞吃了月亮，于是敲锣打鼓，想要吓走天狗。其实，这是发生了月食现象。

月食的成因

月球本身不发光，只能靠反射太阳光发光。也就是说，它只有被太阳照射到的部分才是明亮的。月球绕地球运动，使太阳、地球、月球三者的相对位置在一个月中有规律地变动着。这种变动使月亮明亮的部分有时正对着地球，有时侧对着地球，这样我们在地球上看到的月亮就出现了圆缺的变化。

当地球运行到月球与太阳中间时，太阳光会被地球遮住，不能射到月球上去，这时

候就会出现月食。月食多在农历十五日前后出现，因为此时的太阳、地球、月球恰好或几乎在同一条直线上，太阳照射到月球的光线会被地球遮住，从而发生月食。

超神奇！

人们一直认为中秋节晚上的月亮比一年中任何时候的月亮都要亮，实际并非如此。因为中秋佳节时，月亮并不是总在离地球最近处，所以不一定最亮。

月食的分类

月食可分为月偏食、月全食及半影月食三种。地球在背着太阳的方向会出现一条阴影，称为地影。地影分为本影和半影两部分，本影是指没有受到太阳光直射的地方，而半影则指只受到部分太阳光直射的地方。当部分月球进入地球的本影时，就会出现月偏食，而当整个月球进入地球的本影时，

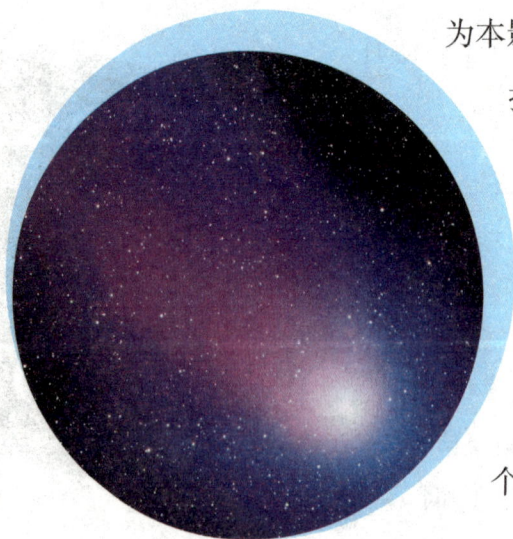

就会出现月全食。至于半影月食，是指月球只是掠过地球的半影区，但并未经过地球本影区的特殊天文现象。半影月食用肉眼不易察觉出来。

月朔和月望

月食只发生在满月时。从一个满月到下一个满月，大约要经历 29.5 天，这叫作朔望月。一般农历每个月的初一是朔，朔之后经过半个月，到达满月的时候就是望。望不一定是在十五那天，有时是十六或者十七。只有当朔发生在初一的凌晨时，望才会正好发生在十五的晚上。我国农历的天数就是根据朔望月制定的。

宇宙科学馆

月球除了绕地球公转外，本身还在自转。月球自转的周期几乎等于它绕地球公转的周期。因此，我们从地球上只能看见月球的一面，而且始终是这一面。

日食现象

晴朗的白天，太阳有时会突然少了一点儿，慢慢地，整个就都不见了，天空变得漆黑一片，就像夜幕降临一样，这其实是发生了日食现象。

日食的成因

所谓"食"，就是指一个天体被另一个天体或其黑影全部或部分遮掩的天文景象。只有当月球运行到地球和太阳之间，即三个星球处在一条直线或接近一条直线时，

才会出现日食现象。日食发生时，月球会挡住太阳射向地球的光，月球身后的黑影正好落在地球上，而位于黑影区的人看到的太阳就失去了光辉。

日食的分类

日食共有三种：日偏食、日环食和日全食。月球遮住太阳的一部分叫日偏食；月球只遮住太阳的中心部分，在月球周围还露出一圈日面，好像一个光环似的，叫日环食；太阳被完全遮住，叫日全食。这三种日食的发生跟太阳、月球和地球三者的位置有关，也取决于月球与地球之间的距离变化。

宇宙科学馆

一次日全食的全过程共分为五个阶段：初亏、食既、食甚、生光、复圆。

日食观测法

　　虽然日食发生时太阳光比平时弱很多，但如果直视，对眼睛还是有伤害的。我们可以用熏黑的玻璃板或者特制的望远镜来观测。要注意，直接戴普通的太阳眼镜（墨镜）观测日食是不正确的，因为镜片的聚焦作用可能会灼伤眼球。

超神奇！

　　我国观测日食的历史非常悠久，2300多年前就有了当时最先进的天文观象台，早在公元前1948年就有人观测到了日食。